AF460987

DANS LE

COMMERCE DES ANIMAUX DOMESTIQUES.

PAR M. F. PEYROU,

Vétérinaire à Nérac, Membre du Comice Agricole de la même ville et de la Société vétérinaire d'Agen.

> La médecine vétérinaire n'est pas en aide à la société seulement pour guérir les animaux, elle l'est encore dans les contestations relatives au commerce de ces mêmes animaux.
>
> J.-B. HUZARD.

NÉRAC. — IMP. J. BOUCHET.

1854

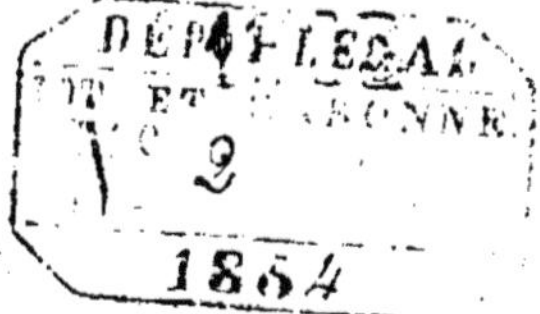

GUIDE

DANS LE COMMERCE

DES

ANIMAUX DOMESTIQUES.

AVANT-PROPOS.

La plus grande partie de la population se livre au commerce des animaux domestiques sans connaître la moindre notion sur les lois concernant ce commerce. Les agriculteurs, en effet, achètent et vendent journellement leurs bestiaux sans savoir s'il existe des articles de loi sur la vente et la livraison. Ils savent qu'il y a des cas rédhibitoires, mais ils n'en connaissent ni le nom ni le nombre. Ce qu'ils ignorent surtout, c'est la marche à suivre dans le cas où ils ont à exercer des droits contre les vendeurs.

Nous avons cru qu'un ouvrage qui traiterait de ces connaissances et qui les mettrait à la portée des propriétaires serait utile. C'est pourquoi, nous publions ce petit volume.

Nous avons ajouté à ces instructions trois chapitres sur trois points importants au commerce des animaux : l'âge, les défectuosités et les signes lactifères. Mais nous n'avons qu'effleuré ces questions, renvoyant ceux qui désireraient obtenir des connaissances approfondies là-dessus aux ouvrages spéciaux sur ces matières. Nous ne pouvions pas, dans l'œuvre que nous nous étions tracée, sortir de la ligne élémentaire. Du reste, pour les défectuosités des animaux, l'étude sur un livre, pour si bon qu'il fût, ne suffirait point pour acquérir des connaissances positives. Il faudrait, pour que cette étude fût fructueuse, qu'elle fût précédée de celle de la structure profonde des parties, de leur jeu, et surtout des principes de statistique et de dynamique, applicables à la machine vivante des animaux.

Qu'on apprécie l'idée qui a présidé à cet ouvrage, qu'on profite de nos instructions, et ensuite que d'autres fassent mieux que nous, nous serons satisfaits.

CHAPITRE 1er.

Articles du Code Napoléon, concernant la vente des Animaux domestiques.

Art. 1582. La vente est une convention par laquelle l'un s'oblige à livrer une chose et l'autre à la payer.

Art. 1583. Elle est parfaite entre les parties et la propriété est acquise de droit à l'acheteur, à l'égard du vendeur, dès qu'on est convenu de la chose et du prix, quoique la chose n'ait pas encore été livrée ni le prix payé.

Art. 1589. La promesse de vente vaut vente, lorsqu'il y a consentement réciproque des deux parties sur la chose et sur le prix.

Peu d'acheteurs connaissent les dispositions de ces deux derniers articles. En général, ils ne croient avoir acheté que lors qu'ils ont pris possession des animaux ou qu'ils en ont payé le prix.

Art. 1590. Si la promesse de vente a été faite avec des arrhes, chacun des contractants est maître de s'en départir : celui qui les a données, en les perdant, et celui qui les a reçues, en restituant le double.

Ainsi, les arrhes lient moins que la simple promesse de vente.

CHAPITRE 2.

De la Livraison. [1]

Art. 1604. La délivrance est le transport de la chose vendue en la puissance et possession de l'acheteur.

Art. 1609. La délivrance doit se faire au lieu où était, au temps de la vente, la chose qui en fait l'objet, s'il n'a été autrement convenu.

Art. 1610. Si le vendeur manque à faire la délivrance dans le temps convenu entre les parties, l'acquéreur pourra, à son choix, demander la résolution de la vente, ou sa mise en possession, si le retard ne vient que du fait du vendeur.

(1) Code Napoléon.

Art. 1611. Dans tous les cas, le vendeur doit être condamné aux dommages et intérêts, s'il résulte un préjudice pour l'acquéreur du défaut de délivrance au terme convenu.

Art. 1612. Le vendeur n'est pas tenu de délivrer la chose, si l'acheteur n'en paie pas le prix et que le vendeur ne lui ait pas accordé un délai pour le paiement.

Art. 1613. Il ne sera pas non plus obligé à la délivrance, quand même il aurait accordé un délai pour le paiement, si, depuis la vente, l'acheteur est tombé en faillite ou en état de déconfiture, en sorte que le vendeur se trouve en danger imminent de perdre le prix, à moins que l'acheteur ne lui donne caution de payer au terme.

Art. 1614. La chose doit être délivrée en l'état où elle se trouve au moment de la vente.

D'après l'art. 1624, les bestiaux vendus sont aux risques et périls du vendeur jusqu'au jour de leur livraison.

———

CHAPITRE 3.

Articles du Code Napoléon, concernant les Vices rédhibitoires.

Art. 1625. La garantie que le vendeur doit à l'acquéreur a deux objets : le premier est la possession paisible de la chose vendue ; le second, les défauts cachés de cette chose ou les vices rédhibitoires.

Art. 1641. Le vendeur est tenu de la garantie à raison des défauts cachés de la chose vendue, qui la rendent impropre à l'usage auquel on la destine, ou qui diminuent tellement cet usage, que l'acheteur ne l'aurait pas acquise, ou n'en aurait donné qu'un prix moindre, s'il les avait connus.

Les vices qui peuvent donner ouverture à l'action résultant de cet article sont déterminés par une loi du 20 Mai 1838.

Art. 1642. Le vendeur n'est pas tenu des vices apparents et dont l'acheteur a pu se convaincre lui-même.

Art. 1643. Il est tenu des vices cachés, quand même il ne les aurait pas connus, à moins que, dans ce cas, il n'ait stipulé qu'il ne sera obligé à aucune garantie.

Art. 1644. Dans le cas des art. 1641 et 1643, l'acheteur a le choix de rendre la chose et de se faire restituer le prix, ou de garder la chose et de se faire rendre une partie du prix, telle qu'elle sera arbitrée par experts.

Cet article est annullé par l'article 2 de la loi du 20 Mai précitée.

Art. 1645. Si le vendeur connaissait les vices de la chose, il est tenu, outre la restitution du prix qu'il en a reçu, de tous dommages-intérêts envers l'acheteur.

Généralement les tribunaux rejettent les demandes en dommages-intérêts. Cependant, lorsqu'il est prouvé que le vendeur avait connaissance du vice, et que souvent c'est à cause de ce vice qu'il a vendu la bête qui en est atteinte, des dommages sont dûs. Ils sont dûs à l'acheteur pour la perte de temps dans ses travaux et pour la nourriture de la bête en litige. En outre, les tribunaux doivent autant que possible accorder des dommages, afin de punir la ruse et la supercherie des vendeurs, si habituelles dans le commerce des animaux domestiques.

Art. 1646. Si le vendeur ignorait les vices de la chose, il ne sera tenu qu'à la restitution du prix et à rembourser à l'acquéreur les frais occasionnés par la vente.

Art. 1647. Si la chose qui avait des vices a péri par suite de sa mauvaise qualité, la perte est pour le vendeur, qui sera tenu envers l'acheteur à la restitution du prix et aux autres dédommagements expliqués dans les deux articles précédents. Mais la perte arrivée par cas fortuit sera pour le compte de l'acheteur.

Art. 1648. L'action résultant des vices rédhibitoires doit être intentée par l'acquéreur, dans un bref délai, suivant la nature des vices rédhibitoires et l'usage du lieu où la vente a été faite.

Art. 1649. Elle n'a pas lieu dans les ventes faites par autorité de justice.

Les articles 1647 et 1648 ont été modifiés par la loi du 20 Mai ci-après.

CHAPITRE 4.

Loi du 20 Mai 1838.

ARTICLE 1er.

Sont réputés vices rédhibitoires et donneront seuls ouverture à l'action résultant de l'art. 1641 du code civil, dans les ventes ou échanges des animaux domestiques ci-dessous dénommés, sans distinction de localités où les ventes et échanges auront lieu, les maladies ou défauts ci-après, savoir :

Pour le Cheval, l'Ane ou le Mulet :

La Fluxion périodique des yeux ;

L'Épilepsie ou mal caduc ;

La Morve ;

Le Farcin ;

Les maladies anciennes de poitrine ou vieilles courbatures ;

L'Immobilité ;

La Pousse ;

Le Cornage chronique ;

Le Tic sans usure des dents ;

Les Hernies inguinales intermittentes ;

La Boiterie intermittente pour cause de vieux mal.

Pour l'espèce Bovine :

La Phthisie pulmonaire ou pommelière ;
L'Épilepsie ou mal caduc ;
Les suites de la non-délivrance et le renversement du vagin ou de l'utérus, après le part chez le vendeur.

Pour l'Espèce Ovine :

La Clavelée : — Cette maladie, reconnue chez un seul animal, entraînera la rédhibition de tout le troupeau. — La rédhibition n'aura lieu que si le troupeau porte la marque du vendeur.

Par ces mots : *sont réputés vices rédhibitoires*, cet article n'établit point forcément rédhibitoires les vices qu'il désigne. Il laisse aux juges la latitude, selon les circonstances, de prononcer la rédhibition ou de rejeter la demande en résolution du marché. De sorte que si un cas paraît douteux à la conscience du juge, et, surtout, s'il n'a pas de gravité, quoiqu'un expert ait dressé un procès-verbal affirmatif, le juge peut se dispenser de prononcer la résiliation. (1)

Il faut, pour que les vices dénommés soient rédhibitoires, qu'ils remplissent les conditions prévues par l'art. 1641 du Code Napoléon, c'est-à-dire, qu'ils soient cachés au moment de la vente, qu'ils rendent les animaux impropres à l'usage auquel on les destine, ou qu'ils diminuent tellement cet usage, que l'acheteur ne les aurait pas acquis ou n'en aurait donné qu'un prix moindre, s'il en avait connu l'existence.

ARTICLE 2me.

L'action en réduction du prix, autorisée par l'art. 1644 du Code Civil, ne pourra être exercée dans les ventes et échanges d'animaux énoncés dans l'art. 1er ci-dessus.

ARTICLE 3me.

Le délai, pour intenter l'action rédhibitoire, sera, non compris le jour fixé pour la livraison, de trente jours pour le cas de fluxion périodique des yeux et d'épilepsie ou

(1) Les juges ne sont point astreints à suivre l'avis des experts, si leur conviction s'y oppose. Art. 323, C. de Pr. C.

mal caduc, et de neuf jours pour tous les autres cas.

ARTICLE 4me.

Si la livraison de l'animal a été effectuée, ou s'il a été conduit, dans les délais ci-dessus, hors du lieu du domicile du vendeur, les délais seront augmentés d'un jour par cinq myriamètres de distance du domicile du vendeur au lieu où l'animal se trouve.

ARTICLE 5me.

Dans tous les cas, l'acheteur, à peine d'être non recevable, sera tenu de provoquer, dans les délais de l'art. 3, la nomination d'experts chargés de dresser procès-verbal; la requête sera présentée au juge de paix du lieu où se trouve l'animal. — Ce juge nommera immédiatement, suivant l'exigence des cas, un ou trois experts, qui devront opérer dans le plus bref délai.

ARTICLE 6me.

La demande sera dispensée du préliminaire de conciliation, et l'affaire instruite et jugée comme matière sommaire.

Cet article ne dispense point, ainsi qu'on la prétendu, de porter l'action devant le juge de paix, lorsque ce juge est compétent, même à charge d'appel. Seulement, lorsque le chiffre de l'affaire ne permet pas au juge de paix d'en connaître, il dispense l'action en conciliation devant ce magistrat, action qui, généralement, est indispensable dans les affaires civiles.

ARTICLE 7me.

Si, pendant la durée des délais fixés par l'art. 3, l'animal vient à périr, le vendeur ne sera pas tenu de la garantie, à moins que l'acheteur ne prouve que la perte de l'animal provient de l'une des maladies spécifiées dans l'art. 1er.

ARTICLE 8me.

Le vendeur sera dispensé de la garantie résultant de la morve et du farcin pour le cheval, l'âne ou le mulet, et de la clavelée pour l'espèce ovine, s'il prouve que l'animal, depuis la livraison, a été mis en contact avec des animaux atteints de ces maladies.

La présente loi, discutée, délibérée et adoptée par la chambre des Pairs et par celle des Députés, et sanctionnée par nous cejourd'hui, sera exécutée comme loi de l'État.

CHAPITRE 3.

Autres dispositions légales.

Art. 459 du code pénal. — Tout détenteur ou gardien d'animaux ou de bestiaux soupçonnés d'être infectés de maladies contagieuses, qui n'aura pas averti sur-le-champ le Maire de la commune où ils se trouvent, et qui, même avant que le Maire ait répondu à l'avertissement, ne les aura pas tenus enfermés, sera puni d'un emprisonnement de six jours à deux mois et d'une amende de seize francs à deux cents francs.

Art. 1382 du code Napoléon. — Tout fait quelconque de l'homme, qui cause à autrui un dommage, oblige celui par la faute duquel il est arrivé à le réparer. (1)

Il est dit, dans le rapport qui fut fait par la commission chargée d'examiner la loi du

(1) Nous ne reconnaissons pas de validité à l'article 7 de l'arrêt du 16 juillet 1784, auquel les autres auteurs de jurisprudence vétérinaire veulent qu'il soit donné application.

Nous nous servons, pour repousser l'effet de cet article, du moyen dont les autres se sont servis

20 Mai, à la chambre des Députés, que cette loi *ne déroge pas aux lois de police sanitaire*, et qu'une vente d'animaux atteints de maladies contagieuses, qui ne sont pas énoncées dans la loi, peut, tout en ne donnant pas lieu à rédhibition, laisser ouverture à l'action en dommages-intérêts de la part de l'acheteur et à l'action correctionnelle de la part du ministère public.

Il est évident, d'après ce qui précède, que les bestiaux atteints, ou même suspects, de charbon et autres maladies contagieuses, ne

---

pour appuyer leur manière de voir. C'est l'article 484 du code pénal, ainsi conçu : « Dans toutes les matières qui n'ont pas été *réglées* par le présent code et qui sont régies par des lois et règlements particuliers, les cours et les tribunaux continueront de les observer. »

On nous objectera peut-être que le code ne règle pas la vente des animaux atteints de maladies contagieuses; mais nous ferons observer que l'art. du code pénal ci-dessus est trop général et trop explicite pour que la vente ne soit pas une contravention à cet article. Du reste, nous avons vu les tribunaux à l'œuvre sur cette question, et toujours ils ont passé outre sur l'art. 7 de l'arrêt du 16 juillet 1784.

Néanmoins, nous reconnaissons qu'en cas d'épizootie, l'administration peut faire appliquer strictement les dispositions de cet arrêté et autres en cette matière, en vertu de l'art. 1er de l'ordonnance royale du 27 janvier 1815.

peuvent pas être vendus ni exposés en vente.

Si des animaux étaient vendus atteints de maladies contagieuses et si la contagion se communiquait de la part de ces animaux à d'autres animaux de l'acheteur, la demande en dommages devrait être proportionnelle à la gravité des faits.

Toutefois, il faudrait que l'acheteur prouvât l'existence de la maladie contagieuse lors de la vente des animaux.

Ces principes ont été consacrés par un arrêt de la Cour Royale de Rouen, en date du 22 Novembre 1839.

CHAPITRE 6.

De la Garantie conventionnelle.

Cette garantie facultative se trouve basée sur deux articles du Code Napoléon ainsi conçus :

Art. 1627. Les parties peuvent, par des conventions particulières, ajouter à cette obligation de droit, ou en diminuer l'effet.

Elles peuvent même convenir que le vendeur ne sera soumis à aucune garantie.

Art. 1602. Le vendeur est tenu d'expliquer clairement ce à quoi il s'oblige. Tout pacte obscur ou ambigu s'interprète contre le vendeur.

Ainsi, en dehors des vices rédhibitoires, tous les autres vices peuvent être garantis, et, pour ceux-ci comme pour ceux-là, le délai de la garantie peut être prolongé.

Cette garantie doit être écrite, la preuve par témoins n'étant pas admise quand le prix des animaux vendus dépasse la somme de cent cinquante francs. Cela résulte de l'art. 1341 du Code Napoléon, ainsi conçu : Il doit être passé acte devant notaire ou sous signature privée de toutes choses excédant la somme de cent cinquante francs, même pour dépôts volontaires, et il n'est reçu aucune preuve par témoins contre et outre le contenu aux actes, ni sur ce qui serait allégué avoir été dit avant, lors ou depuis les actes, encore qu'il s'agisse d'une somme ou valeur moindre de cent cinquante francs.

Ainsi que le dit Huzard, la garantie conventionnelle n'exclut pas les autres vices rédhibitoires ; elle vient, au contraire, augmenter la somme de ces vices.

Une garantie qui garantirait tous les *défauts capitaux* s'appliquerait non aux vices prévus par la loi, qui n'ont pas besoin de garantie spéciale, mais à tous les défauts graves que pourrait avoir l'animal.

Néanmoins, la garantie conventionnelle ne peut pas s'appliquer aux maladies contagieuses, puisqu'il est interdit de vendre les bestiaux qui en sont atteints.

Voici un modèle fort simple de garantie conventionnelle :

Je, soussigné, *(nom prénoms et profession)* demeurant à . . . . reconnais avoir reçu de M. *(nom, prénoms et profession)* demeurant à . . . . . . la somme de . . . . pour une paire de vaches que je lui ai vendues ce jour et que je lui garantis pleines, l'une depuis le . . . . et l'autre depuis le . . . .

Fait à . . . . le . . . . etc.

De cette manière, l'acheteur peut compter d'une manière positive sur l'état des bêtes ; si la promesse ne se réalisait pas, il lui serait dû des dommages-intérêts par le vendeur.

On peut dans la garantie stipuler le dommage qu'il y aura à payer, si la promesse ne se réalise pas, et alors il ne reste qu'à faire nommer, par le tribunal compétent, un expert pour décider si le cas soupçonné rentre dans les cas prévus par la convention.

Si l'acheteur peut, dit Huzard, étendre la garantie que la loi lui accorde, en demandant que certains vices, que la loi ne garantit pas, soient garantis d'une manière conventionnelle, il est juste aussi que le vendeur ne soit pas astreint à la garantie légale, quand il prévient qu'il ne veut pas être astreint à cette garantie : aussi, quand le vendeur prévient qu'il vend sans aucune garantie, la garantie cesse de droit pour l'acheteur.

Dans ce cas, ajoute Huzard, comme la loi est en faveur de l'acheteur, c'est au vendeur à prendre ses mesures pour qu'au besoin il puisse prouver qu'il a vendu sans garantie ; c'est à lui alors à exiger de l'acheteur un écrit qui indique que l'achat a été fait sans garantie.

CHAPITRE 7.

De l'action rédhibitoire.

L'action rédhibitoire a lieu ou à l'amiable ou judiciairement.

L'action à l'amiable a lieu ou devant un ou plusieurs vétérinaires, ou devant le juge de paix. Cette action doit toujours être tentée par l'acheteur.

Lorsqu'un acheteur croit à l'existence d'un vice rédhibitoire, il doit s'empresser d'en faire part au vendeur et l'inviter, s'il dénie l'existence du vice, à s'arranger à l'amiable. Si le vendeur accepte cette proposition par un compromis sous signature privée ou par un acte notarié, s'ils ne savent signer, ils promettent de s'en rapporter à la décision d'un vétérinaire, qu'ils nomment arbitre. Au lieu d'un arbitre, les parties peuvent en nommer deux, sauf à indiquer un tiers arbitre, en cas de désaccord, ou à leur donner la faculté de le désigner eux-mêmes.

Ainsi que le dit Bernard, le compromis qui nomme l'arbitre ou les arbitres doit contenir:

1° les noms, prénoms etc. des parties et des arbitres ; 2° la désignation de l'objet, *(signalement de l'animal)* ; 3° le point litigieux *(les cas rédhibitoires)* et l'étendue des pouvoirs conférés aux arbitres ; 4° le délai dans lequel la décision devra être rendue ; 5° la renonciation à l'appel et à toute espèce de recours ; 6° en cas de partage, *(s'il y a deux arbitres)* la nomination d'un tiers ou la faculté accordée à ceux-ci de le désigner eux-mêmes.

Voici un modèle de compromis :

Entre les soussignés (*nom, prénoms, profession et demeure*), vendeur, d'une part,

Et (*nom, prénoms, profession et demeure*), acheteur, d'autre part ;

Il a été convenu et arrêté ce qui suit :

Une contestation s'étant élevée entre nous, au sujet d'une paire de bœufs, pour cause de vices rédhibitoires, et voulant éviter une action judiciaire à cet égard, nous nommons M. . . . . vétérinaire à. . . . . arbitre, pour, en cette qualité, visiter lesdits bœufs, prononcer, s'il y a lieu, la résiliation de la vente ou la diminution du prix, et nous concilier par tous les moyens qu'il jugera convenables. Nous déclarons renoncer à l'appel de son jugement, qui sera définitif et devra être rendu dans le délai de. . . . .

Ou : nommons MM. (*noms et demeures*), vétérinaires, pour arbitres, à l'effet de terminer notre différent, par toutes les voies qu'ils jugeront convenables, et, en cas de partage, nommons pour tiers arbitre M. . . . vétérinaire demeurant à . . . . ou : les autorisons à désigner un tiers arbitre, dont la décision sera sans appel et devra être rendue dans le délai de . . . . .

Fait double à . . . . . le etc.

CHAPITRE 8.

De l'action à l'amiable devant le Juge de Paix.

Les parties pourront toujours se présenter volontairement devant un juge de paix, auquel cas il jugera leur différent, soit en dernier ressort, si les lois ou les parties l'y autorisent, soit à la charge de l'appel, encore qu'il ne fût le juge naturel des parties, ni à raison du domicile du défendeur, ni à raison de la situation de l'objet litigieux. La déclaration des parties qui demanderont jugement sera signée par elles, ou mention en sera faite si elles ne peuvent signer. (*Code de procédure civile, art.* 7.) (1)

Si les parties veulent s'en rapporter à un juge de paix, elles peuvent choisir celui qu'elles désirent et se présenter devant lui, quelle que soit la valeur des animaux en litige.

Dans ce cas, le juge de paix dresse procès-verbal du désir des parties, et agit de la même manière que si l'affaire était de sa compétence ordinaire.

---

(1) VATEL, dans son article *Vices rédhibitoires* du cours complet d'Agriculture, 3e édition, année 1842, a mal interprété cet article en ne disant cette procédure possible que si la valeur de l'objet en litige ne dépasse pas le taux de la compétence du juge de paix.

CHAPITRE 9.

De l'action judiciaire.

S'il est du devoir de l'acheteur, lors de l'existence d'un vice rédhibitoire, de provoquer un arrangement à l'amiable, il est aussi de son intérêt de ne pas laisser écouler le délai de la garantie sans qu'une action soit intentée. Or, l'action prévue par l'art. 3 de la loi du 20 Mai est l'action judiciaire. Et il est de rigueur que cette action soit intentée dans les délais exprimés par cet article, sauf à profiter, s'il y a lieu, des dispositions de l'art. 4.

Voici la jurisprudence établie à cet égard :

Contre : Un arrêt de la cour d'appel de Paris, en date du 22 février 1832, et un jugement du Tribunal de Commerce de Lyon, rendu en Mai 1844.

Pour : Un arrêt de la cour de cassation, du 18 Mars 1833, un jugement du tribunal civil de Meaux, du 21 avril 1839, et un second arrêt de la cour de cassation, du 22 Mars 1840.

Dans l'affaire soumise à la cour d'appel de

Paris, l'assignation n'avait été donnée que 21 jours après l'achat, et la nomination d'experts avait été provoquée dans le délai légal.

La Cour, s'exprimant ainsi : « considérant que l'action rédhibitoire a été intentée dans les délais prescrits par les articles 3 et 5 de la loi du 20 Mai 1838 » a confondu les obligations qui résultent de ces deux articles.

MM. Galisset et Mignon disent à ce sujet : cet arrêt, qui juge la question par la question, nous paraît contraire à l'esprit comme à la lettre de l'art. 3 de la loi.

Le jugement du tribunal de Lyon reconnaît les obligations distinctes des art. 3 et 5 de la loi, mais il considère comme un commencement d'action une sommation faite par l'acheteur au vendeur d'avoir à assister à la visite de l'expert.

Voici ce jugement :

Considérant que le sieur Vion a fait assigner, le 18 mai dernier, les sieurs Fort frères et Tavernier, pour ouïr prononcer que Fort frères et Tavernier seront solidairement condamnés à lui rembourser: 1° la somme de 340 fr., prix du cheval qu'ils lui ont vendu le 4 mai dernier, lequel cheval a été reconnu atteint de la pousse et du tic, vices rédhibitoires prévus par la loi du 20 mai 1838, ainsi que cela résulte du procès-verbal dressé le 16 du courant, par M. Rey, professeur à l'école vétérinaire de Lyon; 2° 100 francs, tant pour courtage, frais et faux frais à l'occasion de la vente dudit cheval, et dommage causé au demandeur; 3° les frais de fourrière, d'après l'état qui en sera fourni par le Directeur de l'école vétérinaire, depuis l'entrée du cheval jusqu'à sa sortie; 4° les intérêts de droit desdites sommes, et aux dépens de l'instance;

Considérant que les sieurs Fort frères ont conclu à la barre à ce que la demande du sieur Vion fût rejetée, comme n'ayant pas été formée dans le délai voulu par la loi, et qu'avant de statuer sur le fond, il plût au tribunal de se prononcer sur l'incident;

Considérant que la vente du cheval par Fort frères ou Tavernier, leur représentant, au sieur Vion, a eu lieu le 4 mai dernier; que celui-ci a adressé, le 12 du même mois, une requête à M. le juge de paix du canton de la Guillotière, pour le prier de nommer un expert, à l'effet de constater l'état du cheval ; que ce magistrat a, par ordonnance du 13 mai, nommé M. Rey, professeur à l'école vétérinaire, pour procéder à cette expertise ; que le demandeur a dès lors rempli les obligations qui lui sont imposées par l'art. 5 de la loi du 20 mai 1838 ;

Considérant que par cet acte extra-judiciaire, en date du 13 mai, c'est-à-dire dans le délai de neuf jours, Vion a sommé Tavernier, qui était le seul qu'il connût pour son vendeur, pour qu'il eût à se trouver présent à l'expertise ordonnée par le juge de paix, sur le cheval vendu, lui déclarant que, faute de comparaître, il serait donné défaut contre lui et passé outre ;

» Considérant que cet acte, par lui-même, peut être réputé comme le commencement de l'action rédhibitoire, prescrite par l'art. 3 de la loi du 20 Mai 1838; qu'en effet, l'intention du législateur n'a pu être autre, en prescrivant des délais pour intenter cette action, que de rendre uniforme une législation qui, d'après l'article 1648 du code civil, était subordonnée aux usages locaux, et d'obliger l'acheteur à donner connaissance au vendeur de ses démarches dans le délai prescrit ;

» Considérant que, dans l'espèce, ce but a été atteint par l'exploit du 13 mai ; que si l'arrêt de la cour de cassation du 23 mars 1840, dont on a excipé à l'audience, établit que les deux formalités prescrites par les art. 3 et 5 de la loi de 1838 sont distinctes et doivent être toutes les deux remplies dans le délai fixé par la loi, il fonde aussi son jugement sur ce que l'acheteur n'a donné connaissance au vendeur de ses démarches que dans un délai postérieur à celui de neuf jours, circonstance qui n'existe pas dans la cause, et que c'est dès lors le cas de rejeter l'exception de Fort frères et d'ordonner que les parties contesteront au fond.

» Par ces motifs, le tribunal, jugeant en premier ressort, dit et prononce que l'exception de Fort frères est rejetée, comme mal fondée, et que les parties contesteront au fond.

» Les sieurs Fort frères sont condamnés aux dépens de l'incident. »

Du premier arrêt de la Cour de Cassation, en cette matière, il résulte que par *action* (1)

(1) Huzard.

la Cour n'entend ni tous les actes relatifs à la constatation du vice, même l'acte de sommation par huissier faite au vendeur de reprendre l'animal pour cause de vices rédhibitoires, mais seulement *la demande introductive d'instance*, ou, en d'autres termes, *l'assignation au vendeur,* dans le temps de la garantie, *de comparaître devant le tribunal*, *à tel jour, pour s'y voir condamner à reprendre l'animal qu'il a vendu, attendu le vice rédhibitoire dont il est atteint.*

JUGEMENT DU TRIBUNAL DE MEAUX.

« Attendu qu'en principe, d'après l'article 1648 du code civil, l'action résultant des vices rédhibitoires doit être intentée dans un bref délai ;

» Que s'il en était autrement, le vendeur pourrait être, longtemps après la livraison par lui effectuée, exposé à une demande en résiliation ;

» Que la loi du 20 Mai 1838 ne fait que rentrer dans l'esprit du code civil, en prescrivant dans son art. 3 un délai, soit de 30 jours dans certains cas, soit de neuf jours en certains autres ;

» Que, dans l'espèce, le délai de neuf jours est fatal, et qu'il ne suffit pas à l'acquéreur d'avoir présenté, dans ce délai, requête au juge de paix pour faire constater par expert l'état de l'animal;

» Que cette constatation a lieu, non pour éclairer l'acquéreur sur le parti à prendre, mais bien pour que le fait soit vérifié dans un bref délai, quel que puisse être l'intervale de temps que demandera la solution du procès;

» Qu'il est si vrai que la présentation de la requête ne dispense pas l'acquéreur d'intenter son action dans les délais fixés, que l'art. 5 de la loi nouvelle décide formellement que la nomination d'experts doit être provoquée dans les délais de l'art. 3 et dans tous les cas, c'est-à-dire lors même que les délais imposés par ledit art. 3 seraient prorogés dans les circonstances indiquées dans l'art. 4.

» Déclare non recevable l'action qui a été intentée dix-sept jours après la vente.

CHAPITRE 10.

Arrêt de la Cour de Cassation.

Sous l'empire de l'art. 3 de la loi du 20 Mai 1838, (*sur les vices rédhibitoires*), l'action rédhibitoire doit, à peine de déchéance, être intentée dans le délai fixé par l'art. 3. Il ne suffirait pas que, conformément à l'art. 5, la nomination d'experts chargés de constater le vice allégué ait été provoquée dans ce délai.

Il résulte de la combinaison des art. 3 et 5 de ladite loi, que les formalités prescrites par chacun d'eux (*c'est-à-dire l'action judiciaire et la demande à fin de nomination d'experts*) sont distinctes et doivent toutes deux être remplies dans le délai légal.

Faits : Le 14 février 1839, à la foire de Courville, Le sieur Maréchal a acheté un cheval au sieur Pelletier. Le soupçonnant atteint de vice rédhibitoire, il le mit en fourrière et présenta requête le 21 février 1839 au juge de paix de Courville, à l'effet de commettre un expert-vétérinaire pour le visiter. Le même jour, ordonnance du juge de paix, conforme à la demande; le 23, serment prêté par l'expert et première visite du cheval, sans résultat décisif; le 27 du même mois, nouvelle visite, à la suite de laquelle le vétérinaire s'ajourne encore au 9 mars. Le 7 mars, signification à Pelletier, à la requête de Maréchal, des diligences par lui faites à l'effet de constater le vice rédhibitoire; connaissance lui est donnée des premiers procès-verbaux, avec assignation au 9 mars, pour assister à la troisième visite, remise à ce jour; puis, par exploit du 18 mars, assignation donnée à Pelletier, devant le tribunal de commerce de Chartres, pour voir déclarer nulle la vente dudit cheval, reconnu, par le troisième procès-verbal du vétérinaire, atteint de vice rédhibitoire. Pelletier soutint l'action de Maréchal non recevable, comme intentée hors du délai fixé par l'art. 3 de la loi du 20 Mai 1838. Le tribunal de commerce de Chartres, prononçant sur cette fin de non recevoir, statua en ces termes :

« Attendu que Maréchal a présenté requête au juge de paix du canton de Courville, le 21 février dernier; qu'elle a été répondue d'ordonnance du même jour, afin de constater le vice rédhibitoire dont il prétendait atteint le cheval acheté par lui, de Pelletier, à la foire de Courville ; que ce cheval a été soumis à la visite de l'expert commis par le juge de paix, dès le 21 février; qu'il demeure, dès lors, pour constant que les formalités voulues, pour la constatation du vice, ont été remplies dans les délais portés par les art. 3 et 5 de la loi du 20 Mai 1838 ; rejette l'exception ; statuant au fond, déclare la vente nulle. »

Pourvoi en cassation de Pelletier, pour violation de l'art. 3 et fausse application de l'art. 5 de la loi du 20 Mai 1838, en ce que l'action rédhibitoire avait été admise, bien qu'elle eût été formée hors des délais fixés par l'art. 3 de la loi de 1838, qui limite à neuf jours (*pour le cas actuel*) celui dans lequel l'action devra être intentée ;

« La Cour ; Vu l'art. 1648, code civil, et les art. 3 et 5 de la loi du 20 Mai 1838 ;

» Attendu que la loi du 20 Mai 1838 n'a apporté aucune modification aux dispositions de l'art. 1648, C. civ. ; qu'elle a eu seulement pour objet d'en régler l'exercice, en prescrivant, pour toute la France, un délai uniforme, suivant la nature des vices rédhibitoires; qu'il faut donc coordonner entre eux les trois articles ci-dessus cités ;

» Attendu que l'art. 3 de la loi du 20 Mai 1838 porte que le délai, pour intenter l'action rédhibitoire, sera, pour le cas de l'espèce actuelle, de 9 jours, non compris celui fixé pour la livraison ;

» Que si l'art. 5 veut que, *dans tous les cas*, l'acheteur, à peine d'être non recevable, soit tenu de provoquer, dans les délais de l'art. 3, la nomination d'experts chargés de dresser procès-verbal, ces deux articles n'ont rien d'inconciliable entre eux, et que l'art. 5 ne déroge pas à l'art. 3; que les deux formalités prescrites dans ces deux articles sont distinctes et doivent être toutes les deux remplies dans le délai prescrit par la loi ;

» Attendu, en fait, que la vente a eu lieu le 14 février 1839 ; que, si l'acheteur a provoqué la nomination d'experts le 21, et n'a donné connaissance au vendeur de ses démarches que le 7 mars, par un acte extrajudiciaire ; et, ce qui est déterminant, qu'il n'a donné assignation introductive d'instance que le 18 mars, et, par conséquent, hors du délai légal ; que la demande était donc non recevable, et qu'en jugeant le contraire, le tribunal de Commerce de Chartres a faussement interprêté l'art. 5 ci-dessus, et violé l'art. 1648, C. civ., et l'art. 3 de la loi du 20 Mai 1838, (Casse). »

Ainsi donc, si le compromis pour l'arrangement à l'amiable, soit devant des arbitres, soit devant un juge de paix, n'était pas encore signé la veille de l'expiration du délai de la garantie, l'acheteur devrait se hâter d'intenter l'action judiciaire.

Cette action doit être, ainsi que nous l'avons vu, une assignation au vendeur d'avoir à comparaître devant tel tribunal, à tel jour, pour s'y voir condamner à reprendre l'animal ou les animaux qu'il a vendus, (1) attendu le vice rédhibitoire dont il est atteint, ou dont l'un d'eux est atteint ; et s'y voir

(1) Les Animaux peuvent être considérés comme indivisibles, quand leur réunion augmente leur valeur intrinsèque : tels sont des chevaux d'attelage appareillés, une paire de bœufs de travail. Dans ce cas, la rédhibition d'un animal entraîne celle de l'autre.

VATEL, (cours complet d'Agriculture.)

condamner, en outre, à tous dommages intérêts et aux dépens.

L'action doit être intentée, selon les circonstances, ou devant le tribunal de paix, ou devant le tribunal de commerce, ou devant le tribunal civil.

CHAPITRE 11.

De la nomination d'Experts.

L'art. 5 de la loi du 20 Mai exige que la nomination d'experts ait lieu dans les délais de l'art. 3, c'est-à-dire, dans trente jours pour la fluxion périodique, l'épilepsie, et dans neuf jours pour les autres cas. Cette condition étant de rigueur, l'acheteur doit la remplir le plus promptement possible. Il serait même bon pour lui que les experts pussent dresser leur procès-verbal avant l'expiration des délais de la garantie, afin que, si leur décision n'était pas affirmative, il n'intentât pas une action dont il supporterait les frais. Aussi, pour si peu que l'acheteur reconnaisse des doutes pour un arrangement à l'amiable, aussitôt qu'il soupçonne l'existence d'un vice rédhibitoire, il doit provoquer l'expertise.

Pour obtenir la nomination d'experts, il faut présenter au juge de paix du lieu où se trouve l'animal une requête, sur papier timbré, dont voici le modèle :

A M. le Juge de Paix du canton de. . . . .

MONSIEUR,

Le sieur (*nom, prénoms, profession*) demeurant à. . . . . a l'honneur de vous exposer qu'il a acheté, le . . . . . pour le prix de. . . . . du sieur (*nom, prénoms, profession*), demeurant à . . . . . une paire de bœufs ou de vaches, dont l'un ou l'une, celui ou celle qui tire du côté. . . . sous poil. . . . de l'âge de. . . . . et de la taille de. . . . . paraît atteint, ou atteinte, de vice rédhibitoire; et de vous prier, en conséquence, de vouloir nommer un ou trois experts, pour visiter ledit bœuf ou ladite vache, constater son état et dresser procès-verbal, sur lequel il sera statué ce que de droit.

Fait conformément à l'art. 5 de la loi du

20 Mai 1838, à . . . . . le . . . . .

(Signature de l'Acheteur.)

Sur le vu de cette requête, le juge de paix rend uue ordonnance par laquelle il nomme, suivant l'exigence des cas, un ou trois experts, qui doivent opérer dans le plus bref délai.

CHAPITRE 12.

De l'Ordonnance du Juge de Paix.

Le juge de paix peut nommer un ou trois experts, mais il doit le plus souvent n'en nommer qu'un seul.

Les experts doivent être des *vétérinaires.*

A l'appui de la première de ces assertions, nous allons produire quelques passages de la discution qui eut lieu, à cet égard, à la chambre des Pairs.

M. le Ministre des Travaux publics. — D'accord en cela avec la commission, je propose qu'au lieu de ces mots : *la nomination d'experts chargés de dresser procès-verbal*, on dise : « *d'un ou trois experts chargés de dresser procès-verbal.* » En effet, dans la rédaction du projet du gouvernement et du projet de la commission, il semblerait qu'il faut toujours plusieurs experts. Or, comme c'est le juge de paix qui les nomme, il serait possible que, dans les lieux, il ne se trouvât pas plusieurs personnes de l'art qu'il pût désigner ; et, d'un autre côté, il faut, autant que possible, éviter, pour un animal de peu de valeur, des frais trop élevés.

M. le Rapporteur. — Votre commission reconnaît toute la justesse des observations de M. le Ministre.

M. le baron Séguier. — Je souhaite que le juge se borne ordinairement à la désignation d'office d'un seul expert, qui, choisi avec intelligence, est très-suffisant et même préférable, selon que l'expérience l'apprend.

En effet, la réunion de plusieurs hommes en amène naturellement de moins capables qui se rassemblent, non sans quelque difficulté, pour l'opération commune, et finissent par se soumettre au plus habile et à lui laisser faire la besogne, tandis qu'un seul homme, doué des connaissances convenables et désigné de prime-abord, agit plus nettement, plus vite, avec toute responsabilité, et finalement à meilleur marché.

Nous n'avons qu'à nous féliciter de la haute sagesse de MM. les juges de paix. Tous ont généralement compris que l'expertise ne pouvait être confiée qu'aux hommes qui ont fait preuve publique de capacité. Néanmoins, comme des individus faisant métier de guérir prétendent qu'ils peuvent être nommés experts, nous allons démontrer que les experts doivent être des *vétérinaires*.

Expert signifiant savant, le législateur a entendu, par ce mot, comprendre l'homme qui doit être reconnu partout comme tel, et non l'homme dont la science peut être contestée.

Les paroles de M. le Ministre, que nous venons de reproduire, prouvent qu'il entendait parler de vétérinaires pour experts.

Durant toute la discution aux Chambres sur la loi du 20 mai, les orateurs se sont alternativement servis des mots *vétérinaires* et *experts* pour désigner les hommes de l'art qui doivent être appelés à constater les vices rédhibitoires.

Or, les *vétérinaires* sont ceux qui ont fait leurs cours dans les écoles et qui ont obtenu un diplôme. (1)

CHAPITRE 15.

De l'Expértise.

L'expertise se fait sur la remise de l'original de l'ordonnance du juge de paix enregistrée, après prestation de serment devant le juge qui a commis les experts.

Cette expertise peut n'être que provisoire.

Il sera bien entendu, a dit M. le marquis de Laplace, rapporteur à la Chambre des Pairs, que cette mesure ne fera déroger en rien au règles tracées par le code de procédure civile, pour la nomination d'autres ex-

(1) Ainsi établi par arrêt de la Cour de Cassation, Juillet 1851, affaire de l'auteur et consorts contre Mormès.

perts par le tribunal compétent, lorsqu'il le jugera convenable.

L'expertise ne peut pas entraver l'exécution des règlements de police.

Je tiens, dit M. Gillon à la Chambre des Députés, à ce que M. le Ministre du Commerce déclare si la puissance des droits de police prédomine sur la volonté de notre article. Je le crois fermement ; mais encore faut-il qu'un témoignage si grave prévienne tous les doutes.

M. le Ministre répondit : il est bien entendu que cet article ne peut faire obstacle à l'exécution des règlements de police ; le premier besoin est, sans contredit, celui de la salubrité publique.

Les experts peuvent ne pas se rendre pour prêter serment, et, par conséquent, refuser l'expertise ; mais une fois qu'ils ont rempli cette formalité, ils sont tenus de remplir cette mission. (Code de procéd. civ., 313.)

Si les experts ne sont pas du même avis, chaque avis doit être mentionné dans le même procès-verbal, sans faire connaître à quel expert il appartient. (Même code, 318.)

Le procès-verbal d'expertise doit être taxé

par le juge de paix qui a ordonné l'expertise et être ensuite remis en minute à la partie auteur de la requête.

C'est encore M. Gillon et M. le Ministre des Travaux publics, de l'Agriculture et du Commerce qui vont nous éclairer sur ce point.

M. Gillon. — Il importe qu'on sache si le gouvernement entend que les règles du code de procédure civile, sur la matière des expertises, s'accomplissent ou non. Ainsi, je demanderai à M. le Ministre du Commerce si notre loi suppose que les experts soient assujétis à la prestation de serment, si elle entend que le procès-verbal d'expertise soit déposé au greffe de la justice de paix dont le juge aura commis les experts. J'entends que le procès-verbal ne sera pas déposé au greffe de la justice de paix ; qu'il demeurera aux mains de l'échangiste pour en faire l'usage qu'il voudra. Mais, revenant à la règle de procédure civile, ce sera le juge de paix qui taxera les experts au bas du procès-verbal.

M. le Ministre. — Nous avons pensé que le droit commun s'appliquait à toutes les questions sur lesquelles il n'y avait pas de dérogation. Quant aux experts, il est certain qu'ils doivent prêter serment et que le rapport qu'ils présentent au juge de paix doit être remis en minute aux parties.

CHAPITRE 14.

De l'action judiciaire devant le Juge de Paix.

Bernard ne parle de cette action que pour la dire *facultative*.

Voici quelques extraits de l'ouvrage d'Huzard à cet égard :

« Si l'affaire, par le prix de l'animal, est de la compétence du tribunal de paix et que l'acheteur *veuille* poursuivre le vendeur devant le tribunal de paix compétent .... »

« Il faut aussi, dans le temps de la garantie, assigner son vendeur à comparaître devant le juge de paix du domicile du défendeur, ou devant le juge de paix dans l'arrondissement duquel la promesse a été faite et la marchandise livrée, ou dans celui dans l'arrondissement duquel le paiement devait être effectué. »

« Comme, au-dessus de deux cents francs, le jugement rendu par un juge de paix est susceptible d'appel, l'acquéreur d'un animal atteint d'un vice rédhibitoire fera mieux, si l'achat de l'animal a excédé deux cents francs et si le vendeur ne veut pas reconnaître la compétence du juge de paix, de s'adresser directement au tribunal de commerce ou au tribunal civil. »

Ces trois paragraphes sont erronés.

1° Ainsi que nous l'avons dit à propos de l'art. 6 de la loi du 20 Mai, l'acheteur ne peut pas se dispenser d'actionner devant le juge de paix, si l'objet du litige n'excède pas 200 fr.

Voici quelle fut la discussion sur ce point, lors de la présentation de la loi devant la Chambre des Députés :

M. Portalis. — Je demande la parole sur l'art. 7.

Dans cet article est établie la juridiction en matière de vices rédhibitoires; il me semble que cet article est incomplet. Il est ainsi conçu : « La demande sera dispensée du préliminaire de conciliation, etc. »

Or, il faut une explication ; car ce sont les actions qui seront de nature à être portées devant les tribunaux civils qui seront dispensées du préliminaire de conciliation ; mais les demandes devront être portées devant les juges de paix, lorsqu'elles n'excèderont pas 200 fr., ou devant les tribunaux de commerce, si le défendeur est commerçant. Il faut donc que le gouvernement et la commission déclarent dans quel sens cet article doit être entendu.

M. le Rapporteur. — Il est bien évident que la dispense du préliminaire de conciliation ne s'applique qu'aux cas où ce préliminaire était exigé.

2° Nul ne pouvant être distrait de ses juges naturels, le tribunal de paix du domicile, ou de la résidence, à défaut de domicile, du vendeur est seul compétent ; et c'est seulement devant lui que doit être intentée l'action.

3° Le juge de paix juge sans appel jusqu'à 100 fr. et jusqu'à 200 fr. à charge d'appel, mais il ne peut plus juger lorsque l'affaire dépasse 200 fr., à moins, ainsi que nous l'avons dit, que les parties consentent à lui en donner le pouvoir.

CHAPITRE 15.

De l'action devant le Tribunal de Commerce.

Quand le vendeur est marchand de chevaux ou de bestiaux, l'action est de la compétence du tribunal de commerce.

Les tribunaux de commerce jugent sans appel jusqu'à la somme de 1,500 fr. et à charge d'appel pour des sommes au-dessus.

La compétence du tribunal de commerce est réglée par l'art. 420 du code de procédure ainsi conçu : Le demandeur pourra assigner, à son choix, devant le tribunal du domicile du défendeur, devant celui dans l'arrondissement duquel la promesse a été faite et la marchandise livrée, devant celui dans l'arrondissement duquel le paiement devait être effectué.

Bernard dit en parlant de cette juridiction :

on ne peut avoir recours au ministère des avoués, qui n'ont pas le droit de postuler, en cette qualité, devant cette juridiction exceptionnnelle.

Il est vrai que les avoués n'ont pas le droit de postuler, en leur qualité, devant les tribunaux de commerce, mais on peut toujours avoir recours à eux et on ne peut même guère se dispenser de leur concours.

CHAPITRE 16.

De l'action devant le Tribunal Civil.

L'affaire est de la compétence du tribunal civil lorsque la somme dépasse 200 fr. et que le vendeur n'est pas marchand de profession.

La cour d'appel de Metz a, par arrêt du 19 avril 1823, décidé qu'un commerçant ne pouvait pas être appelé devant un tribunal de commerce par un non commerçant. Elle s'est basée sur l'art. 632 du code de commerce, ainsi conçu : La loi répute acte de commerce tout achat de denrées et marchandises *pour les revendre* soit en nature, soit après les avoir travaillées et mises en œuvre, ou même pour en louer simplement l'usage.

Malgré l'autorité de cet arrêt, la jurisprudence a adopté une opinion contraire. Du reste, les bestiaux rentrent dans l'esprit de l'article invoqué par la cour de Metz. Ils sont achetés pour être revendus.

Le tribunal civil juge aussi jusqu'à 1,500 fr. sans appel, et à charge d'appel pour des sommes au-dessus.

CHAPITRE 17.

De l'action récursoire en garantie.

Selon quelques tribunaux de commerce, lorsqu'un marchand est actionné devant eux il peut appeler en garantie (1) son vendeur, quoique ce dernier ne soit pas marchand.

Ces tribunaux se sont basés sur l'art. 181

(1) Pourvu qu'il fût dans les délais.

du code de procédure civile, ainsi conçu : ceux qui seront assignés en garantie seront tenus de procéder devant le tribunal où la demande originaire sera pendante, encore qu'ils dénient être garants. Mais la cour impériale de Paris a établi par deux arrêts que cet article ne regarde pas la compétence en raison de la juridiction. (1)

M. le Ministre a dit que, dans le cas d'action récursoire en garantie, il était naturel que l'actionné en garantie vint devant le tribunal où avait lieu le procès. Cela est vrai, dans le cas où il s'agit d'un changement de ressort ; mais dans le cas où il s'agirait d'un changement de juridiction, dans le cas où l'on assignerait le vendeur civil devant un tribunal de commerce, la cour impériale a jugé, et avec raison, que cela ne pouvait pas être. (2)

---

(1) Si l'action en garantie paraît frauduleuse au premier vendeur, il doit demander, selon le même article, que l'action soit renvoyée devant le tribunal de son domicile. (Opinion du Ministre à la chambre des Députés.)

(2) Paroles de M. le Rapporteur à la même chambre.

CHAPITRE 18.

De l'Age.

La nature a fourni aux animaux domestiques des signes qui font connaître leur âge. Or, la valeur commerciale des animaux dépendant souvent de leur plus ou moins grand nombre d'années, il importe aux acheteurs de savoir ces signes.

La physionomie seule d'un animal suffit à un connaisseur expérimenté pour apprécier son âge, mais les dents, par leur remplacement et leur changement de forme, fournissent des moyens plus faciles pour arriver à ce résultat.

Ce sont les dents qui se trouvent à la partie antérieure de la bouche, au nombre de six en haut et six en bas, qui fournissent les signes de l'âge. Désignées sous le nom d'incisives, elles se distinguent en dents de *lait* et en dents de *remplacement*. Les premières tombent à une époque fixe de la vie. et font place aux secondes qui persistent jusqu'à la mort. Elles se distinguent encore en *pinces, mitoyennes* et *coins*, selon la place qu'elles occupent dans l'arcade dentaire. Les Pinces sont les deux du milieu, Les Coins sont les deux dernières, une de chaque côté, entre les pinces et les Coins.

A un an, toutes les incisives ont fait éruption. — A cette époque, leur surface dentaire est oblique d'avant en arrière.

A deux ans, leur surface dentaire est pleine, c'est-à-dire que leur bord postérieur est au niveau de leur bord antérieur. Alors, elles sont dites *rasées.*

Deux dents caduques tombent chaque année et sont remplacées par deux dents persistantes ou de remplacement.

Celles-ci, par leur sortie, donnent les signes suivants :

Les Pinces, trois ans ;
Les Mitoyennes, quatre ans ;
Et les Coins, cinq ans.

Elles se distinguent des dents caduques en ce qu'elles sont plus grandes, plus larges et moins blanches.

Pour que l'âge que nous indiquons existe, il faut que la dent soit bien sortie. Si elle n'était qu'à sa naissance, elle comporterait six mois ou un an au moins. Ainsi, le printemps étant l'époque de la naissance, si, au mois de décembre, les coins ne faisaient qu'apparaître, le cheval n'aurait que quatre ans et demi, et si c'était au mois de mai ou de juin, il n'aurait que quatre ans.

Les dents de remplacement sortant de leur alvéole avec leur bord antérieur seulement, sont par conséquent creuses dans leur partie postérieure. Mais, par le frottement des inférieures contre les supérieures, et vice versâ, leurs bords s'usent et le bord postérieur se trouve bientôt de niveau avec le bord antérieur. Ce niveau appelé le ***Rasement*** donne l'âge qui suit :

Les Pinces, six ans ;
Les mitoyennes, sept ans ;
Et les coins, huit ans.

Lorsque toutes les dents sont rasées, le cheval est dit *hors d'âge.* Passé cette époque, les dents, par leur changement de forme, donnent encore des signes, mais ces signes étant très-inconstants et d'une étude beaucoup plus difficile, nous bornons là nos instructions sur l'âge du cheval.

L'âge du Bœuf offre quelques différences ; la machoire supérieure est dépourvue de dents incisives, tandis que la machoire inférieure en a huit, qui sont désignées en *pinces*, *premières mitoyennes*, *secondes mitoyennes* et *coins*.

A deux mois, les dents de lait sont sorties.

A dix-huit mois, elles sont rasées.

A deux ans, éruption des pinces de remplacement.

A trois ans, éruption des premières mitoyennes.

A quatre ans, éruption des secondes mitoyennes.

A cinq ans, éruption des coins.

Chez beaucoup d'animaux de cette espèce, le remplacement des dents est précoce et a lieu six mois avant l'époque que nous venons de déterminer.

CHAPITRE 19.

Beauté, Bonté, Vices de conformation et Tares.

Par *Beauté* d'un animal, nous entendons désigner sa bonne conformation.

Cette qualité est relative aux différents genres de services qu'on veut exiger des animaux. Néanmoins, nous allons tâcher de grouper quelques signes généraux, qui, appliqués avec exactitude, peuvent être utiles dans le choix d'un animal, quelqu'usage qu'on désire en faire :

La tête courte et peu volumineuse avec le chanfrein droit et le front large (tête carrée), les nazeaux bien ilatés, l'œil vif, l'oreille courte et portée en avant, l'encolure moyenne, le garrot élevé, le dos légèrement concave, le rein court et large, la croupe horizontale, la cote ronde, le poitrail large et bien garni de muscles, l'avant-bras long et musculeux, le genoux large, le jarret large, bien dessiné et coudé, le canon large, le tandon gros, sec, ferme et bien détaché, le boulet fort, le paturon court et un sabot moyen à la paroi lisse et unie sont, chez le cheval, les caractères d'une bonne conformation.

La *Bonté* d'un animal est la bonne exécution de ses fonctions.

Chez le bœuf, la beauté et la bonté synonymes et désignées sous le nom de *qualité*, sont relatives à la râce. Chaque pays, à cet égard, fait l'éloge de la race qu'il possède. L'un admire la race de Durhan, l'autre loue la race de lourde ; celui-ci veut que la race agenaise soit la meilleure, celui-là veut que ce soit la race gasconne ; enfin, cet autre veut que ce soit la race bazadaise ; et chacun apporte, à l'appui de sa manière de voir, des arguments dont la valeur est relative le plus souvent au mérite de l'apologiste.

Nous appelons *Vice de conformation* tout dérangement inné dans la forme ou la disposition d'une partie. Ces vices sont très-nombreux. Une tête plaquée et une tête décousue sont des vices de conformation de cet organe.

Nous appelons *Tares* les changements de

forme ou de disposition survenus aux animaux le plus souvent par des excès de fatigue. Ces vices sont très-graves et doivent être pris en grande considération par les acheteurs. Les seimes, les cercles, les faux quartiers, les bleimes, une sole battue ou foulée, des ognons, une fourchette échauffée ou pourrie, le crapaud et la fourbure chronique sont des tares du sabot.

Autant que possible, lors de l'achat d'un animal, l'acheteur, après avoir fait son choix, doit, avant de faire le prix, se réserver la visite d'un homme de l'art, pour l'appréciation des vices de conformation et des tares. Cette réserve faite, il peut conclure le marché, la vente est suspensive à son égard seulement.

CHAPITRE 20.

Des Signes lactifères.

Cette découverte importante a été faite par M. François Guenon, agriculteur à Libourne. Son auteur a reçu des distinctions honorifiques de la part des sociétés savantes et du gouvernement.

A l'aide de signes qui se trouvent sur chaque vache entre le pis et la vulve et qui sont le résultat du changement de direction des poils, M. Guenon a établi des classes qui se trouvent en rapport avec la quantité et la qualité du lait que les vaches peuvent donner par jour. Huit grandes classes ont été établies comme il suit :

Première classe, *Flandrines* : les vaches dont l'épi se prolonge en une bande qui entoure la vulve.

Deuxième classe, *Lizières :* celles dont l'épi se prolonge seulement jusqu'à la vulve.

Troisième classe, *Courbelignes* : Celles dont l'épi est borné supérieurement par deux lignes courbes qui partent de la face interne des cuisses.

Quatrième classe, *Bicornes* : Celles dont l'épi se divise supérieurement en deux parties pointues.

Cinquième classe, *Poitevines* : celles dont l'épi se termine au milieu du périnée d'une manière tronquée.

Sixième classe, *Equerrines :* celles dont

l'épi prolongé se recourbe sur un côté du périnée.

Septième classe, *Limousine* : celles dont l'épi se termine sur le périnée en une bande pointue.

Huitième classe, *Carrésiennes* · celles dont l'épi est sous lisière et se termine par une ligne droite horizontale.

Ces classes ayant été divisées et subdivisées, M. Guenon a formé 192 types différents, sans y comprendre les vaches qui, en dehors de l'épi, portent des écussons auprès de la vulve, et qui sont appelées *Bâtardes*. Selon M. Magne, on devrait porter, d'après cette méthode, le nombre des ordres à 384.

Cette méthode, déjà si compliquée, a paru encore insuffisante à son auteur, et il a créé récemment les nouvelles classes de *Lizières équerrines, de Flandrines équerrines, de Lizières flandrines, etc.,* comprenant les vaches qui présentent simultanément les signes de deux de ces classes primitives.

Comme on le voit, ce système est d'une étude des plus difficiles : aussi, est-il complètement ignoré des agriculteurs.

M. Guenon conseille, dans l'application de sa méthode, de prendre en grande considération la finesse des poils des écussons et des épis, la couleur jaunâtre de la peau qui en est le siège et de la matière furfuracée qui s'en détache et qu'il appelle le *son*.

APPENDICE.

Le décret du 16 févier 1807, qui régit les vacations des experts, pouvant être ignoré aussi bien des vétérinaires que des propriétaires, nous avons cru utile d'en donner ici une analyse, afin de fixer les uns et les autres dans leurs droits respectifs.

Il est taxé aux experts, par chaque vacation de trois heures, quand ils opèrent dans les lieux où ils sont domiciliés ou dans la distance de deux myriamètres, savoir :

Dans le département de la Seine, 8 fr. ;
Dans les autres départements, 6 fr.

Au-delà de deux myriamètres, il est alloué, par chaque myriamètre, pour frais de voyage et de nourriture, soit pour aller, soit pour revenir :

A ceux de Paris, 6 fr. 50 c. ;
A ceux des départements, 4 fr.

Il leur est alloué pendant leur séjour, à la

charge de faire quatre vacations par jour, savoir :

A ceux de Paris, 32 fr.
A ceux des départements, 24 fr.

Cette taxe est réduite dans le cas où le nombre de quatre vacations n'a pas été employé.

Il est encore alloué aux experts deux vacations : l'une pour leur prestation de serment, l'autre pour le dépôt de leur rapport. Indépendamment de leurs frais de transport, s'ils sont domiciliés à plus de deux myriamètres de distance du lieu où siège le tribunal, il leur est accordé par myriamètre, en ce cas, le cinquième de leur journée de campagne.

Il ne peut être alloué aux experts que trois vacations par jour, quand ils opèrent dans le lieu de leur résidence : deux par matinée et une l'après-dînée.

Les juges de paix et les présidents des tribunaux, en procédant à la taxe des vacations, peuvent en réduire le nombre, s'il leur paraît excessif.

TABLE
DES MATIÈRES.

www.ingramcontent.com/pod-product-compliance
Ingram Content Group UK Ltd.
Pitfield, Milton Keynes, MK11 3LW, UK
UKHW020952180726
13838UKWH00003B/1280